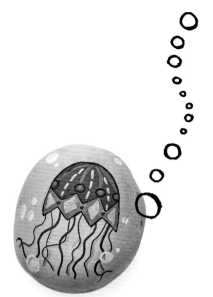

U0203704

捧你在手心

52款画在鹅卵石上的 **小·宠物**

捧你在手心

52款画在鹅卵石上的小宠物

［英］丹妮丝·希克卢纳 编

王高攀 译

河南科学技术出版社

·郑州·

版权所有 翻版必究
豫著许可备字-2018-A-0066

图书在版编目（CIP）数据

捧你在手心——52款画在鹅卵石上的小宠物 /
（英）丹尼丝·希克卢纳编；王高攀译. —郑州：
河南科学技术出版社，2019.6
ISBN 978-7-5349-9551-4

Ⅰ. ①捧… Ⅱ. ①丹… ②王… Ⅲ. ①手
工艺品—制作 Ⅳ. ①TS973.5

中国版本图书馆CIP数据核字（2019）第101171号

出版发行：河南科学技术出版社
　　　　　地址：郑州市郑东新区祥盛街27号
　　　　　邮编：450016
　　　　　电话：（0371）65737028
　　　　　网址：www.hnstp.cn
责任编辑：冯　英
责任校对：李晓娅
责任印制：朱　飞
印　　刷：广东省博罗园洲勤达印务有限公司
经　　销：全国新华书店
开　　本：787mm×1092mm　1/16
印　　张：7.75
字　　数：200千字
版　　次：2019年6月第1版
　　　　　2019年6月第1次印刷
定　　价：48.00元

如发现印、装质量问题，影响阅读，请与出版社联系。

目 录

挑选宠物

宠物石都汇集在这里了，有狐狸、蝴蝶、鸟和其他许多动物，正等着你把它们画出来呢。翻到心爱宠物所在的页码，马上开始行动吧。

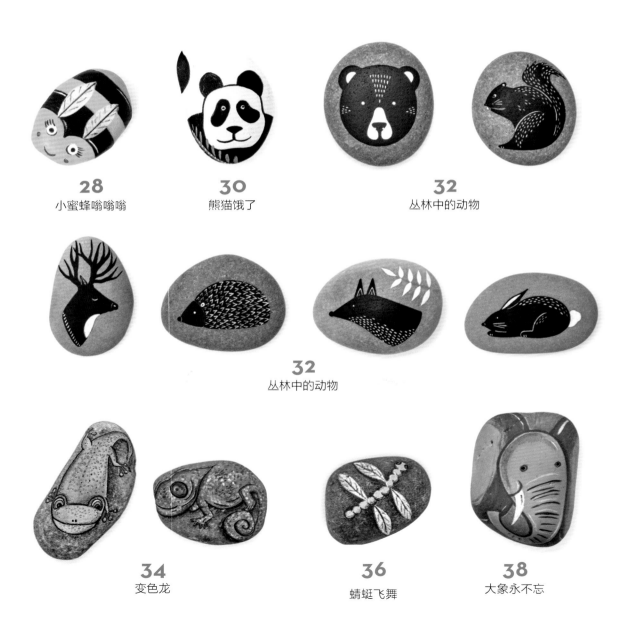

28
小蜜蜂嗡嗡嗡

30
熊猫饿了

32
丛林中的动物

32
丛林中的动物

34
变色龙

36
蜻蜓飞舞

38
大象永不忘

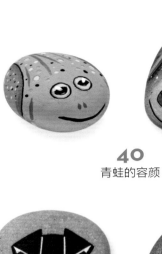

40
青蛙的容颜

42
农场里的朋友

42
农场里的朋友

44
水母鹅卵石

46
淘气的猴子

48
热烈的羽毛

50
羊群

52
行进的企鹅

54
迷人的小嘴

56

慢一点吧

58

展翅高飞

58

展翅高飞

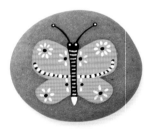

58

展翅高飞

60

狡猾的蛇

62

个性斑马

64

可爱的猫咪

66
海洋生物

66
海洋生物

68
狗的日常

68

狗的日常

70
海水下面

72
袋鼠妈妈和她的宝宝

74
树上的考拉

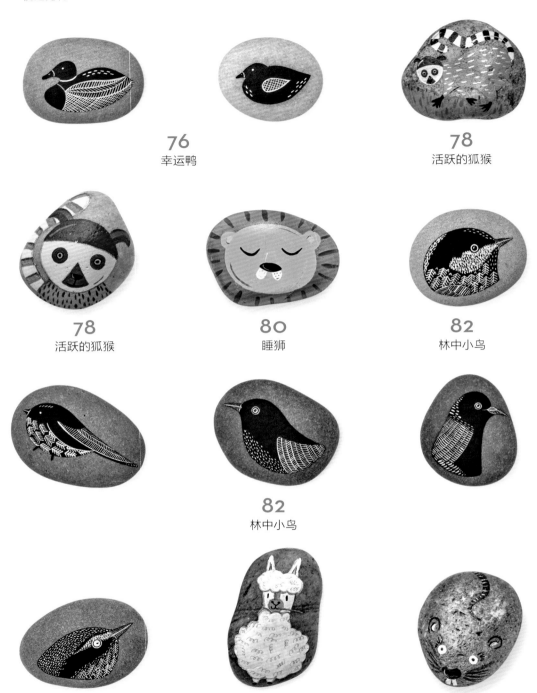

76
幸运鸭

78
活跃的狐猴

78
活跃的狐猴

80
睡狮

82
林中小鸟

82
林中小鸟

82
林中小鸟

84
帅气的羊驼

86
好大的奶酪

86
好大的奶酪

88
巡游的水獭

90
狗狗大观园

90
狗狗大观园

92
熊出没

94
小兔子乖乖

96
慵懒的日子

98
小虫子

100
赛跑赢家

102
狼和狐狸

104
热带鸟类

104
热带鸟类

106
彩虹独角兽

欢迎
来到我的世界

如果你买了这本书，或者作为礼物收到了这本书，那就做好准备，迎接众多富有想象力、创造力的动物进入你的生活吧! 这本书是我第一本书《我们一起画石头吧》的姊妹篇，不同之处在于，这次的全是动物。按照简单的分步介绍，你能把鹅卵石变成任何动物，包括鸟类、昆虫、鱼、爬行动物、两栖动物、哺乳动物等。

制作漂亮宠物石的秘诀是有合适的工具，如果有一块形状与想要的动物匹配的鹅卵石，那就更理想了。捡一块鹅卵石，让它的形状来激发你的想象，是不是更令人兴奋呢? 用这块石头做个海豹，或者蜗牛? 在我们这个星球上，有一百多万个种类可供选择!

这本书开始先介绍了捡石头的要点，接着展现了众多可供选择的作品，这些作品都可以坐在家里非常容易地完成。最后，你能发现这些作品在实际生活中的运用：或时尚或有趣，或有教育意义或有装饰作用。不必担心自己没有绘画经验，不必担心没有任何涂色经验，本书将唤醒你无尽的、充满激情的想象力和创造力。

孩子们在石头上画画会非常快乐，
成年人从中得到的快感也一分不少!
让我们为这个星球再增加一些动物吧!

继续努力吧!

丹妮丝
Denise

我们要去
捡石头啦！

湖中，河里，岸边，海滩，或者在你的后花园中都可能找到石头。在这一章中，你能获取关于石头的一些基础知识和要点，有助于寻找和挑选合适的鹅卵石来做宠物石。

是岩石还是鹅卵石？

鹅卵石与其他的岩石和矿石很像。比较明确的是，鹅卵石实际上是岩石的一种，比细砾大，比中砾小。各种纹理和颜色使鹅卵石看起来非常漂亮。一些有可爱的彩色石英条纹，一些有沉积岩贯穿其中。岩石或鹅卵石不同的矿物质使它们看起来各不相同，独一无二。即使一般来说比较光滑，鹅卵石摸起来也会有纹理，这是由于长时间与水接触的缘故。

如果你不是住在海滩边上，沿着河岸或湖畔也能找到内陆鹅卵石。这些河里的鹅卵石是在水流的冲刷下由河里的岩石形成的。土壤、化学元素和水流速度合在一起，对鹅卵石的颜色和光滑度产生影响。河里石头最常见的颜色有黑色、灰色、绿色、棕色和白色。

了解一些岩石或鹅卵石的基本知识是很有必要的。有三种不同类型的岩石：火成岩、沉积岩和变质岩，都是由不同的形式形成的，这就意味着它们都有着不同的外观和性能，存在于不同的地方。对你来说最重要的是鹅卵石会对你的作品产生什么样的影响，21页列出了你能碰到的不同类型鹅卵石的一些基础知识。

不打算捡石头？

如果你没有时间或不喜欢出去找石头，或者没有住在海边或河畔，没有关系，告诉你个好消息，你依然能弄到自己喜欢的石头。幸运的是，所有种类的石头都能从工艺品商店、花卉市场或网上买到。

如果在网上买石头，一定要注意尺寸，大小要与你的构想吻合。这种方法与你在岸边寻找捡到的鹅卵石不同，你没有机会感知或亲眼看到鹅卵石，从而产生想法。不过，网上店铺对于出售的石头会有图片展示，会介绍石头的种类。当然，网上买石头主要的好处是直接就送到了家门口，你不必拖拉装有石头的沉重的行李。

当你购买鹅卵石时，价格会根据鹅卵石种类的不同而变化，例如，钻孔的石头价格自然会贵一些。在决定购买前要考察至少两三家店，因为不同的店价格会有变化。如果买一大袋鹅卵石价格或许会便宜一些，也许能幸运地拿到批发价。如果不打算用完整袋鹅卵石，可以简单包装后存放起来，留着下一次画其他的作品。

在鹅卵石上呈现什么效果？

有两种方式使石头与图案设计相匹配：实质上就是先选石头或先选图案。你脑子中也许已经有了一些构思，有一些想表现出来的某种类型的图案，这就需要一块特殊尺寸和形状的石头。你也许一心想画一条狗、一匹斑马、一只考拉，或想做一枚动物胸针，一副动物棋，所有这些需要的是不同特性的石头。于是，接下来的挑战就是找到那块合适的石头做你的画布！不要太过于坚持自己的标准，可以考虑一下自己设计的动物图案在不同形状的鹅卵石上会有什么效果。你可以选择利用鹅卵石的整个表面，包括边和背面，或者把你心仪的动物画在鹅卵石的中间。

不过，在你找石头的过程中，应该牢记一些基本准则。重要的是确保鹅卵石的表面是光滑的。首先，这会使你在用马克笔或钢笔时能容易一些，画出的线条能整齐一些；其次，光滑、涂色、上漆的表面，看起来比粗糙不平的表面更好、更整齐。所以，不要捡表面粗糙的石头！每种规则都有例外，一块粗糙、有纹路的石头洗净、上清漆后，本身就漂亮得足以展示。认真阅读下页的例子，了解一下在寻找合适的石头时还需留心的其他一些基本事项。

作品问世啦！

既然你找到了合适的石头，下面就要考虑该拿它怎么办，从哪里入手，接下来有一系列的步骤和选择。如果鹅卵石很小，应当用细笔尖的马克笔，使你可以表现细节，画出复杂的漂亮图案。可以选择用丙烯颜料把鹅卵石整个涂一遍，随后，再用马克笔或画笔加上细节。画出轮廓：在鹅卵石上画上线条和图案，再加上阴影让图案突出出来。在黑色的鹅卵石上用白色的颜料或马克笔，效果非常显著。在鹅卵石上作画或许会使人有点不知所措，特别是那些以前从未画过的人。接下来的几页将会指导你完成每个步骤，使你能轻松地在鹅卵石上画出动物。它提供了一个充满灵感的世界，使你有望把创意带进家里和生活中。

了解岩石

变质岩
变质岩是其他类型的岩石经受高温或高压后形成的。地球板块的运动会使岩石被埋入地下或受到挤压，熔岩浆能使岩石的温度变得特别高。岩石不会熔化，但其中的矿物质会发生化学变化，它们的晶体排成了层状。这样的例子包括板岩和大理石。

沉积岩
沉积岩的形成更自然、时间更长。它们是岸边或水里比较古老的石头风化形成的。在风化的过程中，岩石中的星星点点开始与有机物结合在一起，有机物部分来自于动物和植物，堆积成块，累积成层，称为沉积层。接着被上面形成的更多的层覆盖、压紧。这样的岩石种类包括砂岩、白垩岩、石灰岩和打火石等。

火成岩
当岩石在地心里面熔化成浆时被称为岩浆。当岩浆变凉凝固时，就形成了火成岩。火成岩由随意排列的交锁结晶组成。岩浆冷却得越慢，形成的晶体越大。火成岩的种类有玄武岩、花岗岩和浮石等。

合适的石头
下面是挑选合适石头的一些要点。

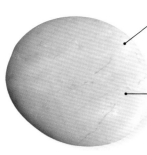

挑选光滑的表面
突起很容易改变你的图案,特别是对马克笔的影响比对颜料的影响更严重。

挑选最好的一面
如果你只在鹅卵石的一面涂色时,找出哪面是"正面"。通常一面会比另一面少些突起和不规则,会更理想一些。

对做珠宝或配饰感兴趣?
留意微型、光滑的鹅卵石,小而轻的鹅卵石最适合做胸针、磁贴、珠宝等。

不要怕捡到形状怪异的鹅卵石
你也许会惊讶于它们带给你的灵感! 形状不常见的鹅卵石能给你带来最绝妙的灵感。

找到合适的形状
按照设计的图案,找到合适的基础形状会使画出的鹅卵石看起来更好看。

留意同一类鹅卵石
有些石头看起来似乎天然匹配,你也许想有一个作品把它们都包括进去,就像一个动物家庭,或一组瓢虫。

你打算设计成单色吗?
寻找黑色或深色的鹅卵石,白色的颜料画在天然黑色材质上的图案显得非常漂亮,没有必要涂背景色。

如果打算做一个较大的作品,就要找大的鹅卵石
画一只大熊或一条大鱼,或许需要一块能容纳得下的鹅卵石。 要确保石头能放稳,有一定分量,没有突起。

能立住吗?
如果你想在一个能立起来的鹅卵石上涂色,试一下鹅卵石,看能不能立住。这样的鹅卵石非常难碰到,能立起来的鹅卵石都是宝贝!

需要什么?

下面的工具与材料被分为必备工具与材料和其他工具与材料两类。"必备工具与材料"是在鹅卵石上涂色和装饰必不可少的,你也许会发现许多东西家里已经有了。"其他工具与材料"用于更专业、更高级的项目,其中一些用起来很有挑战性,它们有助于把鹅卵石用于比较大的项目,用于游戏、配件,房屋或花园的装饰。

必备工具与材料

画笔 (1)
精选一套画笔很不错,这样就能用细的画笔画轮廓和细节,用粗的画笔给整个鹅卵石涂色。选用质量好的画笔,爱惜着用,以保证总能画出最好的效果。

马克笔 (2)
马克笔有一系列颜色,可用于画图案的轮廓,还可以代替画笔用来表现细节。如果在涂过色的面上画,首先要确保颜料已经完全干了。

细线笔 (3)
你也许会发现,在画复杂的图案时细线笔会比画笔更容易,特别是在比较小的鹅卵石上作画时。要确保是防水的!如果在涂过色的面上画,首先要确保颜料已经完全干了。

白色粉笔/铅笔 (4)
在涂色前先画出图案的轮廓是个不错的主意,这些工具很适合这项工作。粉笔用于深色的鹅卵石,铅笔用于浅色的鹅卵石。在涂色后你能轻轻擦去粉笔或铅笔画出的线条,但要在上清漆前擦。铅笔还能用于制造阴影效果——在鸟翅膀边上或狗眼睛上加一些。

清漆 (5)
在画完的鹅卵石上罩上一层清漆,会显得更出色,看起来效果更好。但最重要的是它起到了保护的作用,能防止颜料被碰撞受损。按你想要的效果,可以涂无光漆或亮漆。

丙烯颜料 (6)
这是在石头上作画最好的颜料,并且有特别丰富的一系列的颜色,所以你总能找到自己想要的颜色。首先,不要在买颜料上花大把的钱,如果所需要颜色的量非常少,为何不只买原色、白色和黑色呢?可以用它们混合出任何你想要的颜色。丙烯颜料价格合适,可以在工艺美术商店找到。

黑色立体画线笔 (8)
这些有用的笔使你可以在鹅卵石上画出立体的滴状效果。立体画线笔有一系列的颜色,用于画眼睛和点状图案时比较理想,在鹅卵石上添加有趣的纹理效果棒极了。

调色盘 (9)
用一个塑料盘子把颜色混合在一起,想加多少颜色就加多少。

水杯
要确保身边有一杯水,用于换颜色时和完工后清洗画笔。

湿布
用来把鹅卵石擦干净。

纸巾
纸巾非常有用,可以用来擦去沾在手上、画笔上、鹅卵石上的颜色,快速擦干净工作区域被颜料弄脏的地方。

电吹风
你可以用电吹风来加速干燥的过程。比如在等一小块涂色变干以便在上面或另一面涂色时,可以用电吹风。

其他工具与材料

PVA胶或万能胶(7)
不管你是否要粘金鱼眼、胸针、织物装饰或软陶部件,手边准备一些PVA胶或万能胶都是不错的主意。

海绵
动物的外表有各种各样的图案和纹理,用海绵在鹅卵石上涂上不同的颜料层,做出具有吸引力的纹路。

胸针别针
如果你想把画好的石头做成胸针,可以在工艺珠宝店里找到胸针用的别针。把别针与石头连在一起的最好的方法是先把别针缝到一小块长方形的厚毡上,然后把万能胶涂在毡块上,牢牢地粘在鹅卵石的背面即可。

链子/绳子 (10)
把涂色的小石头做成吊坠是可行的,如果你有兴趣做项链,只需加上一条链子或一段绳子就行了。

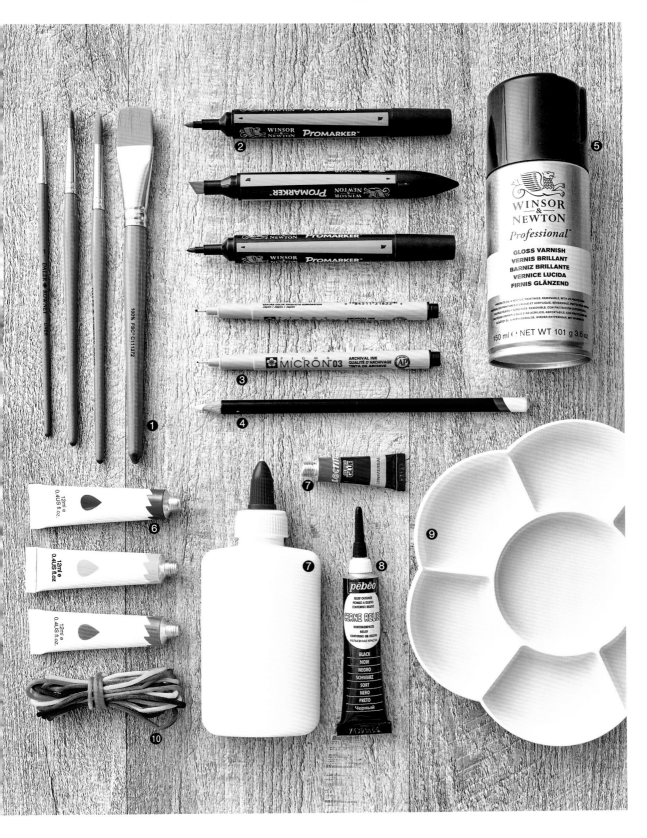

前期工作

选好鹅卵石后，首先必须要做的是用湿布把鹅卵石彻底擦干净。接着开始考虑根据鹅卵石的形状，画出动物的设计图稿。

设计草图

众所周知，动手之前先画好草图能带来更好的效果。大多数画家在涂色之前会先画出草图。这同样能帮助你至少对于要在石头上画什么有个大概的想法。

把动物的设计草图画在笔记本或其他纸上，放在手边做参考。也可以用粉笔或铅笔把草图直接画在鹅卵石上。

如果选用浅色或白色的鹅卵石，可以用铅笔在上面画草图，不过如果想避免在涂色后鹅卵石上能看到线条，

一定要画轻一些。如果鹅卵石是深色的，可以用粉笔，处理起来更容易。用粉笔的好处是画错了或想重画，用手指抹去就行了。

画草图不是要精准地画出构思的轮廓线条。目的是为了有一个比例的概念，对鹅卵石各部分画什么心里有数。现在要考虑是否要用鹅卵石的背面或侧面，如何安排图形和线条。只需画出创意的基本图形即可，不要强调细节部分，因为一旦开始在鹅卵石上涂色，你的想法会开始不断地涌现。

下面是一些创意和窍门，供那些想画

草图的读者参考，如果你有足够的自信，可以跳过这部分，继续向前！

在纸上画草图

选好鹅卵石后，画出动物设计图的速写。记住：不需要表现细节，在纸上随意表达完整的创意。在画石头时，把草图放在手边。

在深色鹅卵石上画草图

用粉笔画出设计的草图，着力于表现基本图形。画错时用手指擦去就行，就这么简单！

在浅色鹅卵石上画草图

如果鹅卵石是浅色的，用铅笔在上面画出淡淡的线条。记住不要太过用力，以免涂色后还能看到铅笔的线条。

收尾工作

在鹅卵石上涂色后，你也许想刷上漆使其发亮并起到保护作用，或者加上阴影强调效果。

画出阴影效果

如果你想要鹅卵石宠物看起来更真实，也许你需要加些阴影效果。铅笔或钢笔、深色或浅色都可以。如果你画过写生，阴影对你来说会比较容易。

给鹅卵石罩上清漆

只需一层清漆就能使鹅卵石上的色彩醒目，还能保护鹅卵石，使颜料不会脱落。

有三种类型的清漆可供选择，无光清漆、半光清漆和有光清漆。这几种清漆都有保护作用，但最后显出的效果不同，有光清漆看起来亮晶晶的，如果你不想要这种效果，就选用无光清漆。

清漆有液体和喷漆两种形式。喷漆用起来比较容易，能方便快速地覆盖鹅卵石的每一处，所以备受推崇。如果用液体清漆，你需要一个比较大的画笔，以便在鹅卵石上均匀地涂刷。

刷完清漆后清洗画笔很重要。

刷上清漆

鹅卵石画好晾干后，可以在一面刷上清漆。晾干几分钟（这时可以用电吹风），把鹅卵石翻过来，把另一面也刷上清漆。

喷上清漆

在鹅卵石的一面喷上清漆，翻过来，把另一面也喷上清漆，要确保所有地方都喷到，包括边上。

小·蜜蜂嗡嗡嗡

来画一群嗡嗡飞的小蜜蜂吧。翅膀画起来略微有难度，不过效果超赞，让作品有了飞起来的效果！

所需工具和材料

- 圆形鹅卵石
- 湿布
- 粉笔或铅笔
- 画笔
- 黑色细线笔
- 黄色、黑色、白色和红色颜料
- 清漆

1　找一块圆圆的鹅卵石，用湿布擦干净。

2　在鹅卵石上涂一层黄色，第一层完全干后，再涂一层，使颜色更深一些。.

3　用粉笔或铅笔画4根稍有弧度的线，确保一端有足够的空间画蜜蜂的脸部。在第一根线上加一个三角形，形成脸部的形状。

4　把第一和第三个线条以及三角形涂成黑色。

5　用白色颜料画出一双眼睛，画出翅膀的轮廓，在翅膀中涂上一层薄薄的颜料，以呈现透明的效果。

6　用黑笔在眼睛中间点出圆点，画上睫毛等，画出微笑的嘴巴，在翅膀上画上细线条。

嗡~嗡嗡~~~

7　在两颊加上红点，显得更加可爱。在黑色线条上加上白色，以增加立体效果。颜料干后，罩上一层清漆。

熊猫饿了

手握一块敦敦实实的鹅卵石，想起了可爱的大熊猫。把它们画在石头上太棒了，只需白色和黑色颜料即可。为什么不加上一些竹叶呢？不然你的熊猫饿了怎么办？

所需工具和材料

- 圆形或椭圆形的大鹅卵石
- 湿布
- 铅笔
- 画笔
- 黑色细线笔
- 白色、黑色、绿色和黄色颜料
- 清漆

1 找一块圆形或椭圆形的大鹅卵石，用湿布擦干净。

2 涂上两层白色颜料，第一层干后再涂第二层。

3 画出熊猫脸部的轮廓，圆圆的耳朵，眼睛周围的圆斑块。根据石头的大小和形状，合适时还可以加上腿。

4 把耳朵、眼睛周围的斑块、胸部及腿涂成黑色。画出鼻子、嘴巴和脸部的轮廓。

5 在眼睛周围的斑块中画出眼睛。

6 最后，在熊猫的嘴边画上黄黄绿绿的竹子，让肚子饿了的宝宝饱餐一顿吧！颜料干后，罩上一层清漆。

侧面比较容易表现松鼠漂亮的毛茸茸的大尾巴。

丛林中的动物

它们胆小，行动敏捷，不过，这些鹅卵石上的毛茸茸的丛林动物，放在你口袋中是再合适不过了。

变色龙

变色龙能与环境融为一体，它们有漂亮的身形和美丽的色彩、纹理，特别适合画到石头上。

所需工具和材料

- 大而圆的鹅卵石
- 湿布
- 铅笔
- 画笔
- 黑色细线笔
- 翠绿色、深绿色、白色和黄色颜料
- 清漆

1 挑选一块大而圆的鹅卵石，最好一边有突起。用湿布把鹅卵石擦干净。勾勒出变色龙的基本形态，使它看起来像紧贴在石头上。

2 把身体涂成翠绿色，加上深绿色的圆眼睛。

3 用小画笔在变色龙全身点上白点。

4 现在用深绿色的颜料加上点和阴影，勾出眼睛和脸的轮廓。

5 用黑色细线笔描出身体的轮廓，包括眼睛和弯曲的尾巴，画出嘴巴，在眼睛边上、腿等处画上线条。

6 在白点和绿点上再点上黄点以增加纹理。用铅笔在轮廓线内外都做出渐变的效果，让变色龙看起来像匍匐在石头上面。刷上清漆以保护颜料和铅笔画出的渐变效果。

左边图片左上角的那只淘气的小壁虎，是用与画变色龙相似的技法做出的，用绿色和橙色表现立体感，用铅笔的渐变来做出纹理效果。

蜻蜓飞舞

蜻蜓轻盈灵巧，也比较容易画。这块宠物石放在你的花园中看起来效果超赞。放在花盆中试试，也一定错不了！可以保留鹅卵石天然的颜色和纹理，形成对比的效果。

所需工具和材料

- 扁平的椭圆形鹅卵石
- 湿布
- 粉笔
- 画笔
- 铅笔
- 黑色细线笔
- 白色、浅绿色或浅蓝色颜料
- 清漆

1 挑选一块扁平的椭圆形鹅卵石，用湿布擦干净。用粉笔画一条曲线作为身体，再画四个椭圆形的翅膀。

2 沿着身体的弧线，用浅蓝或浅绿色的颜料，画出紧挨在一起的一个大圆、九个小圆。一端的大圆是头部。

3 在四个翅膀中涂一层薄薄的白色。

4 在翅膀中画出细纹路。在大圆中加两个黑点当作眼睛。

5 用铅笔在身体一侧和翅膀周围做出阴影。小心别蹭坏污损了铅笔画出的效果，一定要罩上清漆来保护一下。

为什么不把石头画成一片树叶，让蜻蜓小憩于此呢（左页图片，左边石头））？

大象永不忘

画一只陆地上最大的哺乳动物，包括长鼻子和相
当大的耳朵——你口袋里的小鹅卵石足够装下
它啦。

所需工具和材料

- 长方形大鹅卵石
- 湿布
- 粉笔
- 画笔
- 黑色细线笔
- 浅灰色、中灰色、深灰色、粉色和白色颜料
- 清漆

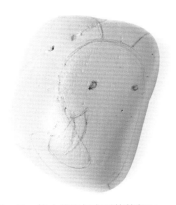

1 捡一块大的近长方形的鹅卵石，用湿布擦干净。把整块石头都涂上中灰色，然后画出脸部基本轮廓，着重表现耳朵、长鼻子、长牙和眼睛。确保耳朵比头和长鼻子更大。

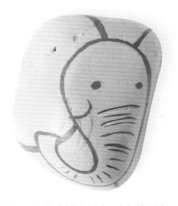

2 用深灰色描出轮廓，在长鼻子上加上线条。

3 现在开始用浅灰色涂在眼睛、耳朵、长鼻子等处，制造明暗效果。

4 在每只耳朵上添加粉色，并在两颊各涂一点粉色。

5 在耳朵的外侧涂上深灰色，在头上部加上阴影。

6 在眼睛中间画上黑眼珠。把长牙涂成白色，在耳朵、鼻子等处加上白色线条。颜料干后，罩上一层清漆。

青蛙的容颜

这些绿色、棕色的两栖动物喜食昆虫，亲水，做成宠物石很漂亮，关键在于眼睛的表现和用彩点装饰皮肤，这样看起来更生动、更吸引人。

所需工具和材料

- 圆形鹅卵石
- 湿布
- 粉笔
- 画笔
- 黑色细线笔
- 中绿色、深绿色、白色、黄色、橙色和黑色颜料
- 清漆

蟾蜍也许不像青蛙那样色彩鲜艳，为什么不用不同深浅的棕色来表现呢（右下）？

1 取一块圆形鹅卵石,用湿布擦干净。

2 用粉笔画出基本轮廓,在两边各画一条弧形作为腿,在前面画两个圆圈作为眼睛。

3 把身体和腿涂成中绿色,第一层干后再涂第二层。

4 用深绿色颜料,在青蛙后部画几条线,再画出腿部轮廓,并在轮廓内做出阴影效果。在青蛙脸部的两边各画一条深绿色短线,加两个点作为鼻子。

5 点满黄色的斑点,把眼睛涂成黄色。

6 把眼睛和一些斑点用橙色画出轮廓线,再点上一些橙色的斑点。

7 用黑色画出眼睛的轮廓线,在中间加上椭圆形的黑眼珠,再点上一些黑色的斑点,画出欢笑的嘴巴。眼睛中加点白色。颜料干后,罩上一层清漆。

农场里的朋友

在农场里能找到很多灵感，所以拿起你捡的石头，在鹅卵石上画出自己的农场吧，一系列的动物，总会适合大小、形状不同的石头的。

山羊的正面能看到两只角，这样就更容易辨认了。

水母鹅卵石

这些水生的凝胶似的动物多姿多彩，有些甚至还带有荧光！用你无尽的想象，在鹅卵石上画出最美的水母吧。可以用金色、银色或荧光笔做出闪亮的效果。

所需工具和材料

- 圆形鹅卵石
- 湿布
- 粉笔或铅笔
- 画笔
- 黑色细线笔
- 银色和金色马克笔
- 鸭蛋青色、蓝色、红色和白色颜料
- 清漆

1 找一块圆形鹅卵石，用湿布擦干净，涂上鸭蛋青颜料。

2 在鹅卵石的上部画出伞状的轮廓，再在下面画一些弯弯曲曲的线作为触手。

3 用红色和蓝色装饰伞形的身体。

4 用金色和银色马克笔描绘触手的曲线。用银色马克笔在身体部分增加一些细节。

5 用黑笔描绘身体的轮廓和其他细节。用白色和蓝色颜料在水母周围画一些泡泡，来营造"海底"的氛围。颜料干后，罩上一层清漆。

用几块鹅卵石来做一个大大的水母（左页，右下），效果更震撼！

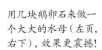

淘气的猴子

在你的鹅卵石中挑出一块来画一只淘气的猴子，再加上丛林的背景，甚至可以加一串香蕉。

所需工具和材料

- 扁平的圆鹅卵石
- 湿布
- 铅笔或粉笔
- 画笔
- 黑色细线笔
- 浅褐色、中褐色、深褐色和绿色颜料
- 清漆

1 挑一块扁平的圆鹅卵石，用湿布
擦干净。用铅笔或粉笔在石头上
画出猴脸的轮廓。

2 把脸部的里边和内耳都涂成浅
褐色。

3 现在用中褐色来涂猴子剩余的
部分。

4 用深褐色加上眼睛、鼻子和嘴
巴，并画出猴子脸部里边的轮
廓。

5 用中褐色在猴子的一边画一条弯
曲的尾巴，用深褐色画出猴子外
边和尾巴的轮廓。

6 如果想让猴子看起来置身
丛林之中，可以点一些深
浅不同的绿点。颜料干
后，罩上一层清漆。

热烈的羽毛

焕发你的热情，来画一个色彩艳丽、高傲无比的鹦鹉吧。想办法找一块下面比上面宽的鹅卵石，以模仿、刻画羽毛的形状和细节。

1 把三角形的鹅卵石用湿布擦干净，画出鹦鹉各部分的轮廓，包括身体的主体、翅膀、头、眼睛和嘴。标出打算涂的颜色比较方便。

2 把大部分的身体、翅膀和头涂成红色。把脸和部分嘴涂成白色。

3 接下来，在翅膀上加上蓝色和绿色，把尾巴也涂成蓝色。

你好!

4 用黑色细线笔把另一半嘴涂成黑色，接着在身体、尾巴和翅膀上画上U形图案。

5 把翅膀和脸用黑笔描出轮廓。加上两个黑点作为眼睛，在白色的面部点上小黑点，让鹦鹉看起来更迷人。干后罩上一层清漆。

羊群

羊是最容易画的动物之一，你只需要两种颜色：黑色和白色！把身体想象成一朵云，加上简单的黑线当作腿，画出小小的椭圆的脸，再加上一对小耳朵，一只羊就诞生啦。稍稍改变一下，可以画出各具特色的羊。

画我超级简单，这就意味着你可以不费吹灰之力画出一群我们！

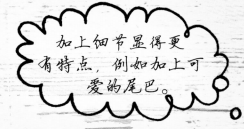

加上细节显得更有特点，例如加上可爱的尾巴。

行进的企鹅

企鹅是不会飞的、群居的鸟,身上披着漂亮的燕尾服似的羽毛。画它们很简单,只需白色、黑色、橙色就能表现得活灵活现。一些小细节,例如画一条鱼或冬季的围巾,能给这些可爱的家伙增添幽默的感觉。

所需工具和材料

- 能立起来的椭圆鹅卵石
- 湿布
- 粉笔
- 画笔
- 黑色细线笔
- 白色、橙色、蓝色和黑色颜料
- 清漆

企鹅是群居动物,为什么不在一块鹅卵石上画两只企鹅呢?添加时尚的元素能让你的鹅卵石宠物带有节日的气氛。

1 想办法找一块椭圆形的鹅卵石，最好底部比较宽。用湿布擦干净，干后涂成黑色。用粉笔画一个圆作为企鹅的胸腹部。

2 把胸腹部涂成白色。

3 加上两个白色圆点当作眼睛。

4 在企鹅身体两边各加一条白线来表现它的小翅膀。在眼睛中加上黑点。

5 用橙色画出V形的脚和三角形的嘴。在饥饿的企鹅嘴里加一条蓝色的鱼。用黑色细线笔表现细节。颜料干后，罩上一层清漆。

迷人的·小·嘴

我幸运地捡到了一块石头，形状特别适合画这只可爱的海豹。如果你只能找到一块圆圆的石头，就把重点放在表现海豹的脸上（参见右下的鹅卵石）。

所需工具和材料

- 又长又窄的鹅卵石
- 湿布
- 粉笔
- 画笔
- 黑色细线笔
- 浅灰色、深灰色和白色颜料
- 清漆

只画海豹的脸，假装这个小家伙的身体在海浪下面。

1 找一块又长又窄的鹅卵石来画你的小海豹。用湿布把鹅卵石擦干净。必要时可以把石头涂成浅灰色,第一层干后再涂一层。

2 用粉笔画出脸部的细节,画出鳍脚和尾巴的轮廓。

3 把鼻子、鳍脚和尾巴涂成深灰色。

4 用黑笔画出眼睛、鼻子,并描出嘴、鳍脚和尾巴的轮廓。

5 在鳍脚和尾巴上加上白色或浅灰色,在嘴边加上一些黑点和白色或浅灰色的触须。颜料干后,罩上一层清漆。

慢一点吧

花点时间做一个慢吞吞的蜗牛宠物石吧。按照下面的方法步骤，如果想要一个褐色的壳，或者看起来五颜六色的，只需变换色彩或加入你的灵感就行了。

所需工具和材料

- 能立起来的椭圆形鹅卵石
- 湿布
- 白色粉笔
- 画笔
- 黑色细线笔
- 深褐色、棕褐色、浅褐色、白色、黄色和红色颜料
- 清漆

你的蜗牛不必看起来与真实的一模一样。开心就好，用自己喜欢的鲜艳的颜色，画一个漂亮的壳：真的没有限制，当然不必匆忙！

1 找一块能立起来的椭圆形鹅卵石，用湿布擦干净，定下来壳画在哪一端，脸画在哪一端。把壳那端涂成棕褐色，脸那端涂成浅褐色。

2 用深褐色在壳上画出螺旋图案，再加上白色的螺旋图案。

3 我在蜗牛壳上加了一些黄色和褐色的点，你可以随心所欲按自己的喜好进行装饰。用与脸部相同的浅褐色画出触角。加上眼睛和欢笑的嘴巴。在脸上画上红点做出红脸蛋。

4 颜料干后，把鹅卵石转个面，重复步骤2和步骤3。颜料干后，罩上一层清漆。

展翅高飞

这些通常在空中起舞、难以企及的生灵，会很
高兴被定格在手绘的鹅卵石上，成为充满诱惑
力的石头宠物。

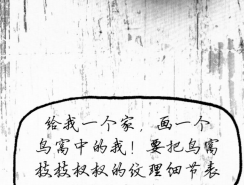

给我一个家，画一个
鸟窝中的我！要把鸟窝
枝枝杈杈的纹理细节表
现出来哦。

在鹅卵石中间设计图案，让石头背景的天然颜色像涂上的一样。

狡猾的蛇

来玩吧，来画蛇皮肤上的图案——可以尝试不同的形状，例如圆圈、之字形、方块等，让这个冷血的爬行动物个性鲜明！

所需工具和材料

- 略圆的鹅卵石
- 湿布
- 粉笔或铅笔
- 画笔
- 黑色细线笔
- 橙色、浅绿色、深绿色、白色和红色颜料
- 清漆

1 找一块略圆的鹅卵石，用湿布擦干净。

2 把鹅卵石涂成浅绿色。

3 画出蛇身长长的、弯弯曲曲的轮廓，在鹅卵石的中间加上蛇头。

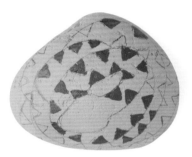

4 加上三角形的图案装饰皮肤。在图案中填入橙色和深绿色。

5 在身体上画上同样颜色的橙色和深绿的点，用黑色细线笔画出眼睛和长长的舌头。

6 用黑色细线笔描出蛇和图案的轮廓，把舌头涂成红色。在图案中加一些白色线条。用铅笔在脸周围和身体的曲线边上加一些阴影，以增加质感和深度。罩上清漆来保护颜料和铅笔画出的阴影。

个性斑马

挑选一块瘦长的鹅卵石来匹配斑马脸的形状。这个设计非常简单，只需三种颜色黑色、白色和粉色，就能画出非常可爱的斑马。

所需工具和材料

- 瘦长的鹅卵石
- 湿布
- 粉笔或铅笔
- 画笔
- 黑色细线笔
- 白色、浅粉色、深粉色和黑色颜料
- 清漆

1 挑选一块瘦长的鹅卵石，用湿布擦干净。涂上两层白色颜料。第一层颜料干后再涂第二层。

2 用铅笔在鹅卵石上画出条纹、鼻子、鼻孔和尖耳朵的轮廓。

3 把鼻孔周围涂成黑色。

4 把条纹、眼睛和耳朵的轮廓涂成黑色。画较细的线时可以用黑色细线笔。

5 把耳朵里面涂成浅粉色，在两颊涂上深粉色圆点。颜料干后，罩上一层清漆。

可爱的猫咪

总是蜷缩在温暖的角落，猫咪是最可爱的宠物。为什么不用鹅卵石天然的纹理来表现猫的皮毛呢？

所需工具和材料

- 扁平的椭圆形鹅卵石
- 湿布
- 调色板
- 海绵
- 粉笔
- 画笔
- 中褐色、浅褐色、白色和黑色颜料
- 清漆

这个猫咪（下方）的样子很有趣吧——用一块能立起来的圆鹅卵石，做一个属于你的霸气猫！

2 涂上两层中褐色颜料。

1 找一块扁平的椭圆形鹅卵石，用湿布擦干净。

3 把中褐色、黑色和白色颜料放在调色盘中，混合在一起。用海绵蘸上混合颜料，轻拍在鹅卵石上，把鹅卵石整个拍一遍。

5 把头部的轮廓和尾巴都描成黑色。

4 这种纹理的皮毛会让你很开心。颜料干后，用粉笔在鹅卵石的一端画出圆圆的头的轮廓，带两只尖尖的耳朵，在另一端画一条卷曲的尾巴。

6 重点在头部，加上一对白色的眼睛，把耳朵里面也涂些白色。在眼睛中画出黑眼珠，用黑色画出嘴巴、鼻子和胡须。

7 用浅褐色画出头部的阴影和尾巴的细节。颜料干后罩上一层清漆。

海洋动物

把这些水下动物从海洋深处带出来，画在鹅卵石上，放进你的口袋！你可以在这个多姿多彩、千奇百怪的世界里尽情挑选。

狗的日常

作为人类最好的朋友，狗应该在你的石头宠物收藏中占据举足轻重的位置。这里只是介绍了画狗脸部的方法，找一块稍微大一些的石头，也能画出狗的全身。

所需工具和材料

- 能立起来的圆鹅卵石
- 湿布
- 粉笔
- 画笔
- 白色和黑色马克笔
- 黑色细线笔
- 中褐色、米黄色和深褐色颜料
- 清漆

寻找特殊形状的鹅卵石来做你的宠物石。
左下，利用鹅卵石天然的颜色来表现狗的皮毛。
右下，展示了如何用整块鹅卵石来表现一只正在啃骨头的小斗牛犬。

1 找一块能立起来的圆鹅卵石，用湿布擦干净。

2 涂两层中褐色颜料，干后用粉笔勾出脸部的轮廓，包括耷拉着的耳朵，把眼睛和鼻子也标出来。

3 把口鼻部分涂成米黄色。

4 用深褐色描出轮廓，做出阴影和深度的效果。

5 用黑笔画出眼睛、鼻子和嘴。

6 在耷拉的耳朵上加上深褐色的虚线，在眼睛和耳朵之间加上白色的虚线，用马克笔在嘴周围点上圆点。颜料干后罩上一层清漆。

海水下面

试验不同的式样和颜色, 画出大小合适的
有鱼游动的浅滩。至于鱼画得胖一些、瘦一
些、还是圆一些, 你的石头你做主!

所需工具和材料

- 大的、椭圆形的鹅卵石
- 湿布
- 粉笔
- 画笔
- 黑色细马克笔
- 藏青色、深灰色、橙色、红色
  和白色颜料
- 清漆

1 找一块大的、椭圆形的鹅卵石，用湿布擦干净。

2 用粉笔画出鱼的轮廓。

3 把头部涂成橙色，身体涂成深灰色。

4 把红色涂在头和身体的分界处，接着把尾巴涂成红色。

5 用和身体相同的深灰色涂鱼鳍。用藏青色在身体上画短线，做出鱼鳞的效果。在尾巴和鱼鳍上也加一些藏青色线条。

6 用白色增加立体的效果，接着涂一个白色的圆点当作眼睛。用黑笔画出黑眼珠和嘴巴。颜料干后罩上一层清漆。

袋鼠妈妈和她的宝宝

袋鼠从澳大利亚一路蹦跳过来，径直跳进了你的口袋！设计的只是一只袋鼠，不过可以再画一只袋鼠宝宝来作伴。

所需工具和材料

- 大而扁平的圆鹅卵石
- 湿布
- 粉笔
- 画笔
- 黑色细马克笔
- 浅褐色、中褐色和深褐色颜料
- 清漆

在你收集的鹅卵石中挑一个最小的，用和上面所列相同的颜料，画一个袋鼠宝宝。

1 找一块大而扁平的圆鹅卵石，用湿布擦干净。

2 用粉笔画出袋鼠的轮廓。

3 把袋鼠涂成中褐色，干后再涂一层。

4 用粉笔画出袋鼠身体中间部分的轮廓，涂成浅褐色。

5 用细画笔和深褐色颜料描出图案的轮廓。

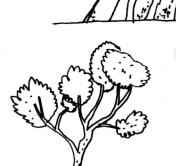

6 用黑色马克笔画出脸部的细节，并在身体和尾巴上加上阴影。颜料完全干后，罩上一层清漆。

树上的考拉

你会发现这些小家伙爬到树上正在吃树叶。为什么不在你的宠物背上加一个小考拉呢？超可爱的组合。

所需工具和材料

- 扁平的圆鹅卵石
- 湿布
- 粉笔
- 画笔
- 黑色细马克笔
- 浅灰色、深灰色、褐色、白色、绿色和红色颜料
- 清漆

挑一块最小的鹅卵石来画一个考拉宝宝，用相同的灰色调。需要时，可以把考拉宝宝放在妈妈背上，用胶粘上。

1 找一块扁平的圆鹅卵石，用湿布擦干净。用粉笔画出爬到树枝上的考拉的基本轮廓。

2 把树干涂成褐色。颜料干后，用粉笔画出胳膊、腿、耳朵的轮廓。

3 把考拉整个涂成深灰色。

4 把肚子和耳朵里面涂成白色。在肚子上加上浅灰色的虚线以增加纹理效果。

5 用黑色细马克笔勾出考拉的轮廓，加上鼻子和眼睛，用白色画出嘴巴。

6 用白色和黑色增加立体效果，在考拉两颊点上红点。画上几片树叶，涂成绿色。颜料干后，罩上一层清漆。

幸运鸭

鸭子游过平静的池塘或湖面，微波荡漾。有一系列鸭子羽毛的图案可供鹅卵石艺术家选择，随心所欲！

在鸭嘴和脖子周围适当地加一条线，会有助于表现这些区域。

活跃的狐猴

狐猴具有标志性的条纹尾巴和黄色的眼睛，喜欢在树间跳跃。为什么不画些不同颜色的狐猴呢？

所需工具和材料

- 能立起来的大鹅卵石
- 湿布
- 粉笔
- 画笔
- 银色马克笔
- 黑色细马克笔
- 浅灰色、深灰色、绿色、黑色和黄色颜料
- 清漆

可以尝试不同的深浅和样式，画一个不同颜色的狐猴（左边的鹅卵石），与黑灰色的伙伴形成对比。

1 找一块能立起来的大鹅卵石，用湿布擦干净。画出一个沿着一条线行走或保持平衡的狐猴的基本轮廓。

2 把身体涂成深灰色，头和尾巴涂成浅灰色。

3 把头顶、眼睛、耳朵和三角形的鼻子涂成黑色。

4 把狐猴的脚涂成黑色，接着在长尾巴上涂上黑色条纹。

5 把眼睛中间涂成黄色，黄颜料干后，用黑色细马克笔在中间点上圆点。

6 用银色马克笔在头部和尾巴上做出立体效果，接着，在身体上画满水平短线。用深浅不同的绿色画出草地。颜料干后罩上一层清漆。

睡狮

狮子是大型猫科动物，以强壮和凶猛而闻名。这里把它画得可爱而友好，成为理想的宠物石。

所需工具和材料

- 扁平的圆鹅卵石
- 湿布
- 粉笔
- 画笔
- 深黄色、浅黄色、深褐色、中褐色、黑色和白色颜料
- 清漆

1 找一块扁平的圆鹅卵石，用湿布擦干净。用粉笔画一个椭圆形，在上面加两个小耳朵。

2 把轮廓里面涂成深黄色。颜料干后，用粉笔画出眼睛和鼻子的轮廓。

3 把石头的其他部分，即鬃毛部分涂成中褐色。

4 把鼻子和耳朵里面涂成浅黄色，眼睛和鼻子涂成黑色。在鼻子下面涂上白色表现嘴巴。

5 在脸部用白色和褐色做出立体的效果，在嘴巴上面点上一些黑点。最后，在周边加上深褐色的线条作为鬃毛。颜料干后，罩上一层清漆。

用白色钢笔线条来表现图案、纹理和深度。

林中小·鸟

用黑白设计来表现你喜欢的这些有羽毛的朋友最有冲击力。土地色系的鹅卵石使设计作品具有天然质地，让小鸟从背景中跃然而出。

帅气的羊驼

是时候来画看起来最毛茸茸的宠物石了——来自秘鲁原野的帅气的羊驼。可以有创意地表现宠物的生活环境，比如下图中的仙人掌。

所需工具和材料

- 扁平的圆鹅卵石
- 湿布
- 粉笔
- 画笔
- 黑色钢笔或马克笔
- 铅笔
- 白色、浅棕色和绿色颜料
- 清漆

你可以在石头上画一个仙人掌（右边的鹅卵石）来表现羊驼的生活环境。

1 找一块扁平的圆鹅卵石，用湿布擦干净。

2 用粉笔画出羊驼的基本形状。

3 表现的重点是圆圆的、毛茸茸的身体，把轮廓线里面涂成白色。

4 把脸部中间涂上浅棕色以表现口鼻部分，用同样的颜色画出脸部轮廓。用黑笔加上眼睛、鼻子和嘴巴。

5 用铅笔在羊驼上加上卷曲的线，在耳朵里面画出三角形，如果你想，可以加上阴影。

6 用黑笔画上两只小脚丫。在羊驼嘴边画一条绿色的细线，以免羊驼挨饿。颜料干后，罩上一层清漆。

好大的奶酪

它们躲在墙洞里，藏在地板下，偷吃我们的奶酪，不过，老鼠仍然是最可爱的石头宠物！记得给你的小老鼠一块奶酪吃。

所需工具和材料

- 能立起来的半圆鹅卵石
- 湿布
- 铅笔和粉笔
- 画笔
- 黑色细线笔
- 浅灰色、灰色、粉色、白色、黄色和黑色颜料
- 清漆

尽情表现老鼠的特点吧——为什么不画一些大大的牙齿和红红的脸蛋呢？或者加上奶酪让它捧着吃。

1 找一块能立起来的半圆鹅卵石，用湿布擦干净。在鹅卵石的中间画一个半圆的轮廓。

2 把半圆里面涂成黑色，颜料干后，用粉笔画出老鼠的轮廓。

3 把老鼠涂成浅灰色。

4 把耳朵里面涂成粉色，在耳朵、脸部和身体上画出白色和灰色的线条，表现立体感和深度。

5 用黑色细线笔描出老鼠的轮廓。在脸下部加上细线和黑点，做出胡须。用黄色颜料给老鼠画一块奶酪吃。最后，加上粉色的尾巴。等颜料干后，罩上一层清漆。

巡游的水獭

这是一只非常平静而安详的水獭。它仰卧于河水中，一边游，一边观察着掠过眼前的世界。

所需工具和材料

- 瘦长、扁平的鹅卵石
- 湿布
- 粉笔
- 画笔
- 黑色和白色细马克笔
- 蓝色、红色、白色、黑色和浅灰色颜料
- 清漆

用整块鹅卵石来表现宠物（图中右边的鹅卵石）。画上长长的胡须，可爱的脸庞，做出一块想捧在手心的超可爱的水獭宝宝。

1 找一块瘦长、扁平的鹅卵石，用湿布擦干净。

2 用粉笔画出水獭的基本形状，包括胳膊、脚、胸腹部、尾巴和脸部等。把水獭周围的区域涂成蓝色。

3 除了胸腹部、脚、尾巴，把水獭的其余部分都涂成黑色。

4 把胸腹部和尾巴涂成白色。

5 用黑色短线装饰尾巴，把脚涂成黑色。

6 用浅灰色、红色颜料和白色马克笔在脸部加上细节。在身体上加上一些白色以表现深度。在蓝色的水中用白色加上一些卷曲的线。颜料干后，罩上一层清漆。

狗狗大观园

无论是杂种狗还是品种狗，都要根据石头的
形状来确定是画整个的一条狗，还是只画一
个个性鲜明的狗头。

画侧面的头像时，让头略微上扬，看起来会更乖巧可爱。

熊出没

在一块能放进口袋里的小小的鹅卵石上, 画一个陆地上最大的食肉动物吧! 你们可以相互取暖。

所需工具和材料

- 扁平的圆鹅卵石
- 湿布
- 铅笔或粉笔
- 画笔
- 黑色细线笔
- 白色、米黄色和红色颜料
- 清漆

可以加上一些配饰, 让你的北极熊看起来酷酷的, 比如, 加上一条围巾 (下图, 左边的鹅卵石), 或者, 用一块不是圆形的鹅卵石, 来仿制一个正穿出冰面的北极熊的头(下图, 右边的鹅卵石)。

1 找一块扁平的圆鹅卵石，用湿布擦干净。

2 用铅笔画出头部和身体的轮廓，如果铅笔看不清，可以用粉笔。

3 把熊涂成白色。

4 用黑笔描出熊的轮廓，再涂黑耳朵里面，画出鼻子和嘴巴。

5 在熊上画上米黄色的短线，表现皮毛毛茸茸的质地。用铅笔勾勒出鼻翼的形状。

6 在两颊涂出红脸蛋。颜料干后，罩上一层清漆。

小·兔子乖乖

你只需灰色、白色和粉色就能画出这款简单而迷人的小兔子，设计的秘诀就是鹅卵石后面那个毛茸茸的大尾巴！

所需工具和材料

- 圆鹅卵石
- 湿布
- 粉笔
- 画笔
- 银色马克笔
- 黑色钢笔或马克笔
- 浅灰色、深灰色、白色和粉色颜料
- 清漆

1 找一块圆鹅卵石，用湿布擦干净。涂上两层浅灰色。

2 用粉笔画出两只大耳朵、鼻子和嘴巴。

3 把耳朵涂成深灰色。

4 用黑色钢笔或马克笔画出脸部的细节，用银色马克笔在鼻子周围点上点。

5 把内耳涂成粉色，在两颊画上红脸蛋。用黑笔描出耳朵的轮廓，在内耳的一边画一条黑线。

6 在鹅卵石的一端，用深灰色和白色画一条毛茸茸的尾巴。用黑笔描边并点上点。颜料干后罩上一层清漆。

画一些青草（左页，右边的鹅卵石），让你的小兔子能在上面跳跃玩耍。

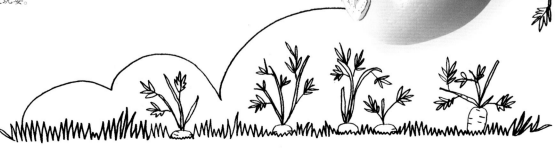

慵懒的日子

按照下面的步骤,画出这种移动缓慢的哺乳类动物。加上树叶和枝干,让你的树懒像安卧在家中,看起来更加平静和放松。

所需工具和材料

- 扁平的圆鹅卵石
- 湿布
- 粉笔
- 画笔
- 黑色细线笔
- 深褐色、浅褐色、米黄色和绿色颜料
- 清漆

1 找一块扁平的圆鹅卵石，用湿布擦干净。

2 用粉笔在鹅卵石中间画两条水平的直线。在上面那条线上画两个大小不同的半圆。

3 画出树懒垂下来的胳膊和腿的轮廓。把平行线间涂成深褐色，成为树懒趴在上面的枝干。

4 把树懒涂成浅褐色，在脸部和腹部用米黄色画出高光的效果。

5 用黑色细线笔描出胳膊和腿的部分轮廓，画出脸部。

6 用深褐色在胳膊、腿的一端画出爪子，用黑笔描出其余部分的轮廓。

7 画出绿色的枝叶。等颜料干后，罩上一层清漆。

小虫子

这些小虫子细节都很丰富。用细钢笔或尖尖的
画笔，你可以添加很多鲜亮而引人注目的图案。
按照自己的喜好，随心所欲地装扮吧！

轮廓
采用对比色时，
几何图案
特别有冲击力。

赛跑赢家

一旦确定了乌龟的基本形状后，你就可以放飞想象，用各种颜色和图案来表现乌龟壳。

所需工具和材料

- 扁平的圆鹅卵石
- 湿布
- 粉笔
- 画笔
- 黑色立体画线笔
- 中绿色、深绿色、中褐色、深褐色和米黄色颜料
- 清漆

1 找一块扁平的圆鹅卵石，用湿布擦干净。把鹅卵石涂成中绿色，如果需要，可以在颜料干后再涂一层。

2 用白色粉笔画出头、腿和壳的形状。

3 把头的周围和腿涂成深褐色。

4 在壳上画出7个多边形，在多边形之间，以及多边形和壳边缘之间都留出一条空隙。把多边形涂成中褐色。

5 在壳边缘画上深绿色的短线，多边形也用深绿色描边。用米黄色在多边形内侧加一些线。

6 用黑色立体画线笔描出头、腿的轮廓，在脸部加上细节。颜料干后，罩上一层清漆。

狼和狐狸

这只离群迷路的狼在你的口袋里找到了舒适的家，睡梦中的狐狸也许想和它在一起，所以可以考虑随后画一个。

所需工具和材料

- 扁平的圆鹅卵石
- 湿布
- 粉笔
- 画笔
- 白色马克笔
- 黑色细马克笔
- 浅灰色、中灰色、深灰色、白色和红色颜料
- 清漆

用橙色、黄色和金色代替灰色，采用同样的方法步骤，就画出了这个具有狐狸特征的宠物石（下图，右边的鹅卵石）。

1 找一块扁平的圆鹅卵石，用湿布擦
干净。涂上两层浅灰色。干后，用
粉笔画出狼的基本轮廓。

2 把狼头涂成中灰色。干后，画出
鼻翼和腮须等的轮廓。

3 把头的中间涂成深灰色，腮须涂
成白色。

4 用细画笔和深灰色描出脸部的轮
廓，把耳朵里面涂成深灰色。

5 用黑色细马克笔画出眼睛和鼻
子，用红色颜料画出红脸蛋。

6 用白色马克笔在头中间画出短线。背
景也同样处理。在耳朵和脸部边上等
加上白色高光，增加立体感。颜料干
后，罩上一层清漆。

热带鸟类

鸟类给你提供了一个很好的机会来使用最鲜亮的色彩和最大胆的颜色。只需加上羽毛的纹理使它们看起来更逼真。

彩虹独角兽

作为传说中美好的角色，独角兽应该在你的宠物石收藏中占有一席之地。给这个神兽用上最有生机的色彩，再加上一抹神秘。

所需工具和材料

- 扁平的鹅卵石
- 湿布
- 粉笔
- 画笔
- 黑色细线笔
- 灰色或银色钢笔
- 金色钢笔
- 白色、蓝色、绿色、紫色和橙色颜料
- 清漆

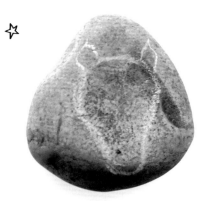

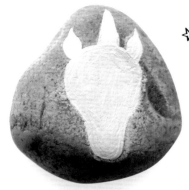

1 用湿布把鹅卵石擦干净。用粉笔画出独角兽头部的轮廓。

2 把独角兽头部涂成白色。在两只耳朵中间加上一个三角形，作为独角兽的角。

3 把背景涂成蓝色。颜料干后，用粉笔画出独角兽头发的轮廓。

4 挑出最有生机的颜色，把每一缕头发都涂成不同的颜色。

5 用黑笔描出头部、角、头发的轮廓。在脸的下部加上两个鼻孔，再画出闭着的眼睛，画上长长的睫毛。

6 用黑笔在角上加上线条，用银笔做出立体的效果。用金笔在背景上装饰出星星图案。所有颜料都干后，罩上一层清漆。

宠物石的
用途

酣睡的仓鼠

把睡梦中的小宠物放在你身旁，这样，当这个小可爱打盹时，也不会脱离你的视线了。

宴会桌上的镇石

用画有派对帽和蝴蝶领结的宠物石为野餐增加一种特别的情调！压在纸巾或纸盘上面，防止被风吹走。

动物胸针

把扁平的鹅卵石设计成胸针，可以别在手袋、夹克或T恤衫上。只需在背后用一点胶粘上别针，就可以带着鹅卵石随你走四方了！

小吊坠

做小吊坠时，选一种小动物，比如小虫子，或者选一块尺寸能容下较大动物的鹅卵石。可以在网上买打过孔的石头。

瓢虫绿植装饰
把这些石头小动物放到花盆里，
威慑害虫。鲜亮的色彩和图案
也能吸引孩子参与到园艺活动
中来。

动物知识游戏

这是一个很好的有教育意义的游戏，能帮助孩子把动物与其生活环境联系起来。在一块鹅卵石上画一种动物，接着在另一块鹅卵石上画出其在自然界的生存环境。好了，寓教于乐的游戏开始了！

画框中的小鸟

用各种不同形状和纹理的鹅卵石做一些小鸟，然后
把它们排列在树枝上面，加上一个木盒做成的框，
就成了墙上漂亮的装饰品。

长颈鹿拼图

根据构图和形状，来做出自己独有的
鹅卵石拼图玩具吧！

鹅群

像这些大个的鹅卵石，可以做成独特的家居装饰品。
这个鹅妈妈正忙着带领三个蹒跚学步的乖宝宝通过书
架，作为浴室的装饰也很不错。

致 谢

感谢我的父母和兄弟姐妹的支持和鼓励,感谢亲爱的苏莱曼、莫伊拉、卡罗琳、罗伯托、洛特、席亚拉和马丁在这本书的创作过程中所给予的理解和鼎力相助。

出版社和作者方面要感谢的是娜塔莎·牛顿提供的石头绘画作品,这些作品展现在书中32~33页、42~43页、50~51页、58~59页、66~67页、76~77页、82~83页以及90~91页。可通过网址www.natashanewton.com对娜塔莎有更多的了解。

丹妮丝还要感谢苏莱曼·梅萨蒂(www.souleymanmessalti.com)拍摄的本页的图片。

尽管感谢了上面各位的支持和帮助,但如果有遗漏或差错,我很抱歉,敬请指出,我会在再版时及时更正。